aktiv-Heft...

Tiere der Welt

Malen Rätseln Basteln

Ravensburger Buchverlag

Welche Tiere leben in den Wäldern Europas?

Wälder bieten dank Bäumen und Unterholz vielen Tieren ein Zuhause. Die Wildschwein-Mutter, die Bache, und ihre Kinder, die Frischlinge, wühlen im Boden nach Würmern, Eicheln und Wurzeln. Der Fuchs hat sich ausnahmsweise am Tag aus seinem Bau gewagt.

?! Die Tiere haben Spuren hinterlassen.
Kannst du jedem Tier die richtige Fußspur zuordnen?

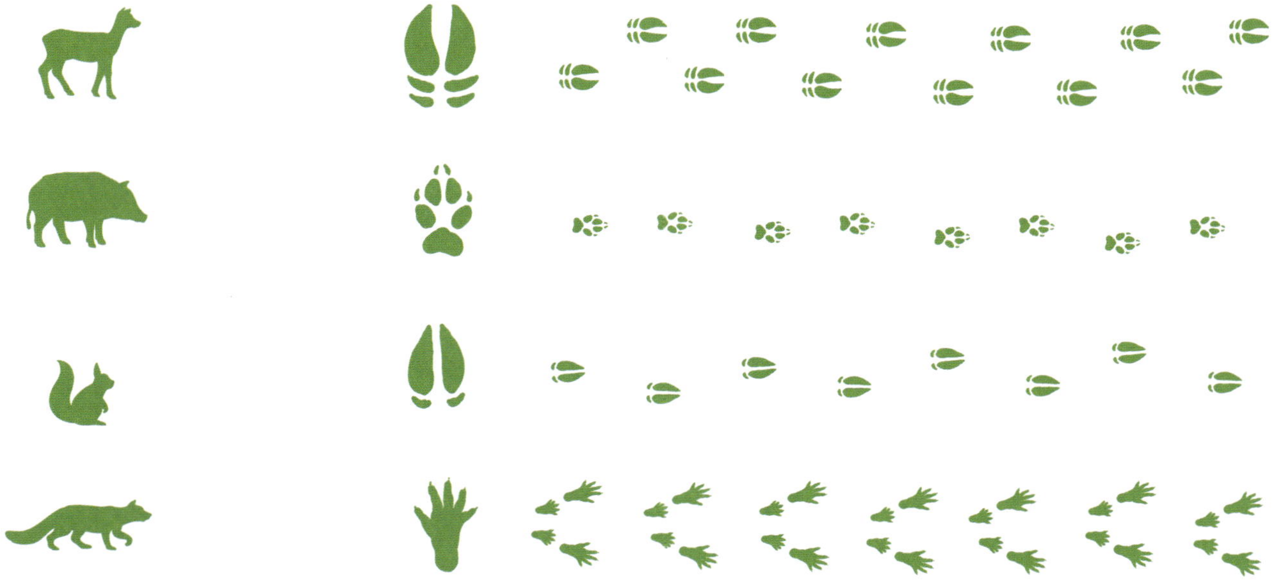

Kennst du die Früchte dieser drei Bäume? Klebe den passenden Sticker neben das richtige Blatt oder den Zweig.

Buche

Buchecker

Eichel

Eiche

Fichtenzapfen

Fichte

Male die Tiere fertig aus.

Wo leben Tiger?

Tiger kommen in freier Natur nur in Asien vor. Tigerkinder bleiben ungefähr drei Jahre bei ihrer Mutter. Dann suchen sie sich ihr eigenes Revier. Männliche Tiger sind Einzelgänger. In den unterschiedlichen Landschaften Asiens leben auch viele Affenarten wie der Indische Langur.

Mach mit!

Lasse einen Affen kopfüber auf einem Lineal balancieren!

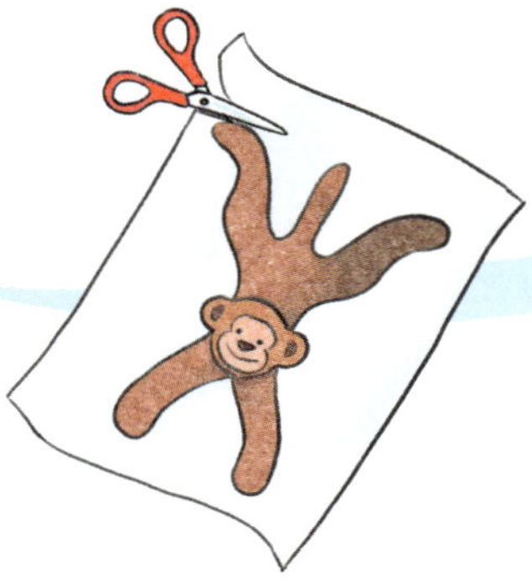

1. Schneide den Affen aus dem Bastelbogen aus.

2. Nimm ein Lineal und setze den Affen mit dem Kopf nach unten auf die Kante des Lineals. Kann er darauf balancieren?

3. Damit der Affe kopfüber das Gleichgewicht auf dem Lineal halten kann, muss er unten auf beiden Seiten schwerer werden. Klebe zwei 1-Cent-Stücke mit Klebstoff an seinen Händen fest.

4. Setze den Affen erneut kopfüber auf das Lineal. Du wirst sehen, dass er jetzt sein Gleichgewicht halten kann.

?! **Findest du die zehn Fehler im rechten Bild? Kreise sie ein.**

Male die Tiere fertig aus.

Wie löschen die Tiere der Savanne ihren Durst?

In der trockenen, heißen Savanne Afrikas sind die wenigen Wasserlöcher lebenswichtig für alle Tiere. Denn hier stillen Löwen, Elefanten und Nashörner ihren Durst. Giraffen kommen mit ihrem langen Hals an die saftigen Blätter in den Baumkronen. Deshalb müssen sie nur selten trinken.

Bastle einen Löwen.

1. Schneide die Mähne des Löwen und seine zwei Vorderpfoten aus dem Bastelbogen aus.
2. Schneide die Zotteln der Löwenmähne rundherum ein.
3. Nimm ein Stück braune oder gelbe Schnur und mache an einem Ende einen Knoten.
4. Nimm einen braunen Blumentopf und stelle ihn auf den Kopf. Klebe die zwei Pfoten unten auf den Rand und das Löwengesicht oben an den Blumentopf.
5. Klebe die Schnur als Schwanz hinten an den Blumentopf. Nun kannst du deinen Löwen an einem Ort, der dir gefällt, aufstellen oder mit ihm spielen.

Welcher Schatten passt zum Afrikanischen Elefanten? Kreise ihn ein.

Male die Tiere fertig aus.

Wer lebt an den Flüssen Nordamerikas?

Weißkopfseeadler und Bären wie der Grizzlybär leben im Norden der USA und in Kanada in der Nähe großer Flüsse oder des Meeres. Dort jagen sie nach Fischen, die sie gern fressen. Auch Biber leben im und am Wasser. Sie knabbern aber lieber Rinde von Zweigen und Bäumen.

Welcher Greifvogel fliegt hier durch die Luft? Verbinde immer die gleichen Symbole miteinander.

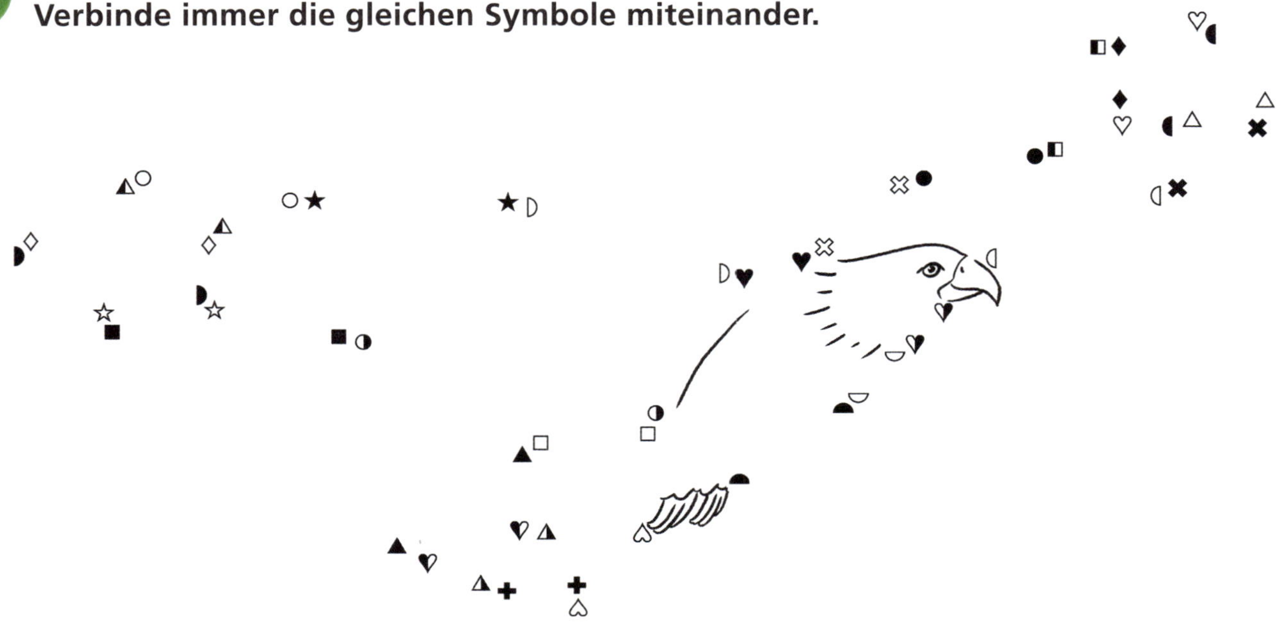

Wie kommt der Biber zu seinem Bau zurück? Hilf ihm, den richtigen Weg durch das Labyrinth zu finden.

Male die Tiere aus.

Wo leben die meisten Tierarten der Welt?

Südamerika bietet Tieren eine Vielfalt von Lebensräumen. In den feuchtwarmen Regenwäldern leben sehr viele Tierarten wie Schlangen, Vögel, Schmetterlinge und Frösche. Wild lebende Meerschweinchen fühlen sich dagegen in allen Lebensräumen Südamerikas außer dem Dschungel wohl.

?! **Welcher Vogel hat welches Ei gelegt? Du kannst verschiedenfarbige Stifte zu Hilfe nehmen.**

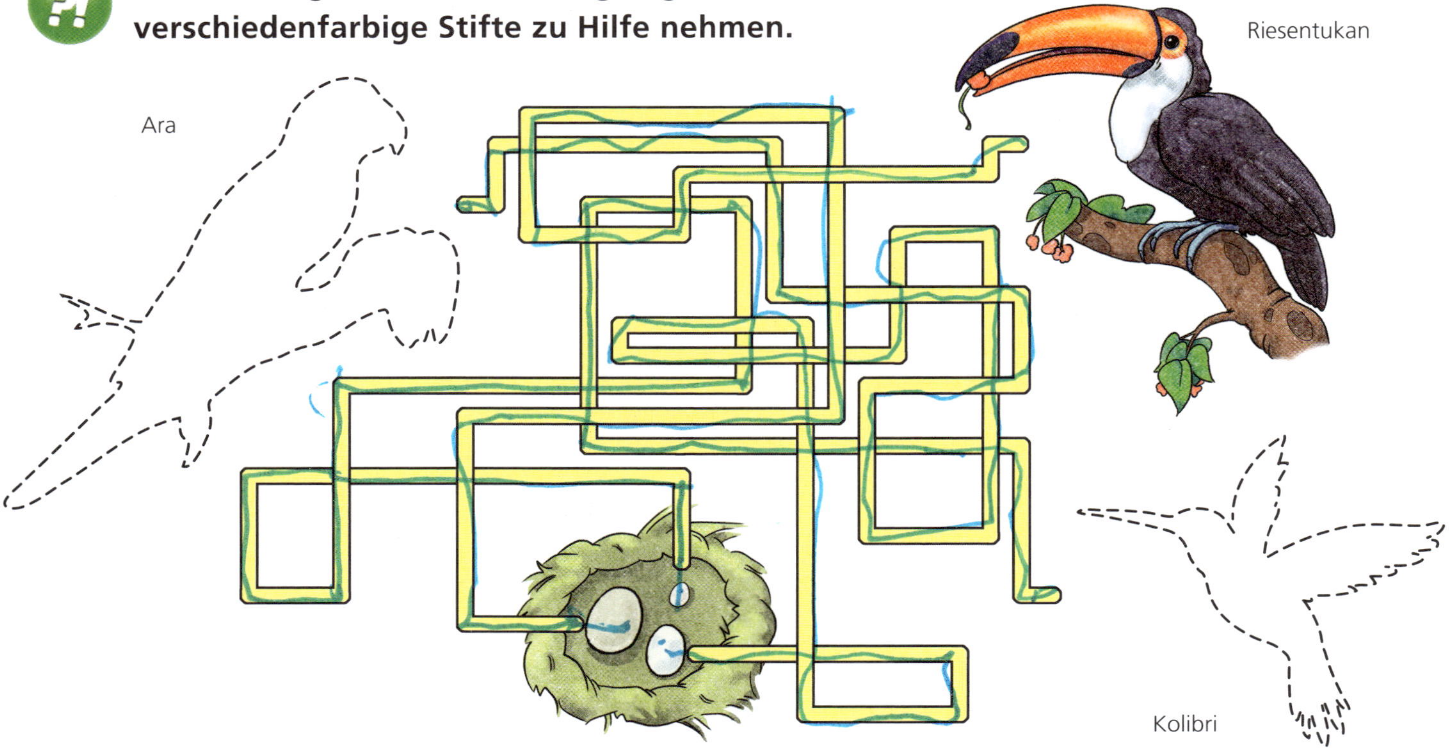

Mach mit!

Lasse deine Meerschweinchen um die Wette laufen!

Du brauchst die Meerschweinchen-Spielfiguren vom Bastelbogen, einen Mitspieler, einen Tisch als Spielfeld und einen Würfel. Jeder wählt eine Farbe und stellt seine Spielfiguren hintereinander am Anfang des Tisches auf. Der Erste würfelt und zieht die Figuren der Augenzahl entsprechend vor, indem er immer das hintere seiner Meerschweinchen vor das andere setzt. Dann ist der Nächste dran. Welches Team erreicht zuerst das gegenüberliegende Tischende?

Kreativ-Sticker

Diese Sticker haben keinen festen Platz im Heft. Du kannst sie frei benutzen!

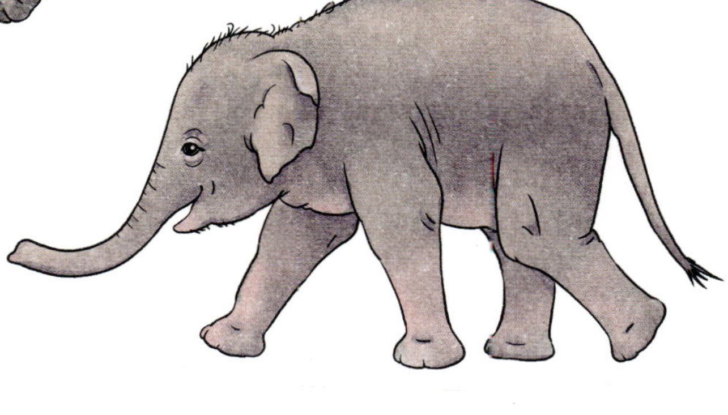

Male das Bild fertig aus.

Welche Tiere gibt es nur in Australien?

Australien ist der kleinste und trockenste Kontinent der Erde. Hier leben einzigartige Tiere, die nirgendwo sonst vorkommen: das Känguru und der Koala, der Wombat, das Schnabeltier und der Ameisenigel. Sie haben sich gut an das trockene Klima in Australien angepasst.

Bastle dir eine Tiermaske und spiele Koala.

1. Schneide die Tiermaske aus dem Bastelbogen aus.

2. Schneide mit einer spitzen Schere die Gucklöcher für die Augen aus. Lass dir dabei am besten von einem Erwachsenen helfen.

3. Nimm einen spitzen Stift und steche damit vorsichtig die vorgezeichneten Löcher an den Seiten der Maske durch. Auch hier kannst du dir helfen lassen.

4. Nimm ein Gummiband und fädele es durch die Löcher der Maske. Sichere es mit dicken Knoten an beiden Enden hinter den Löchern. Nun kannst du die Maske aufsetzen.

Welches dieser Tiere gibt es in Australien nicht? Kreise es ein.

Schnabeltier

Känguru

Wombat

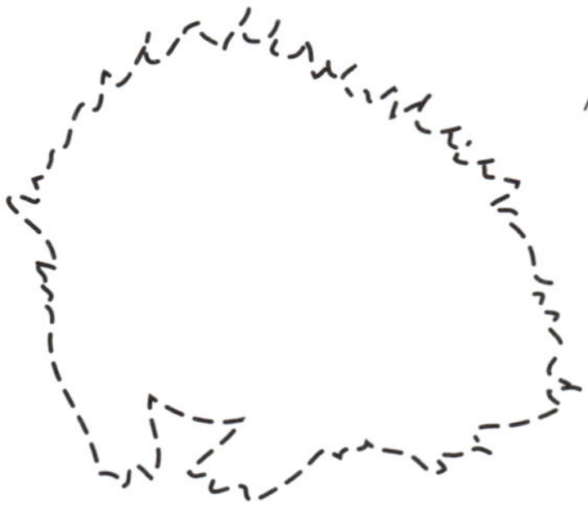

Ameisenigel

Eichhörnchen

Male das Bild fertig aus.

Frieren Buckelwale in der Arktis?

In der Arktis wird es viel kälter als in einem Kühlschrank. Doch auch hier fühlen sich einige Tiere wohl. Buckelwal, Walross und Eisbär frieren nicht, weil sie eine Fettschicht unter der Haut haben. Der Eisbär hat zusätzlich ein dickes Fell, den Papageitaucher schützt ein dichtes Federkleid.

Wer versteckt sich hier? Male die Felder in den vorgegebenen Farben aus.

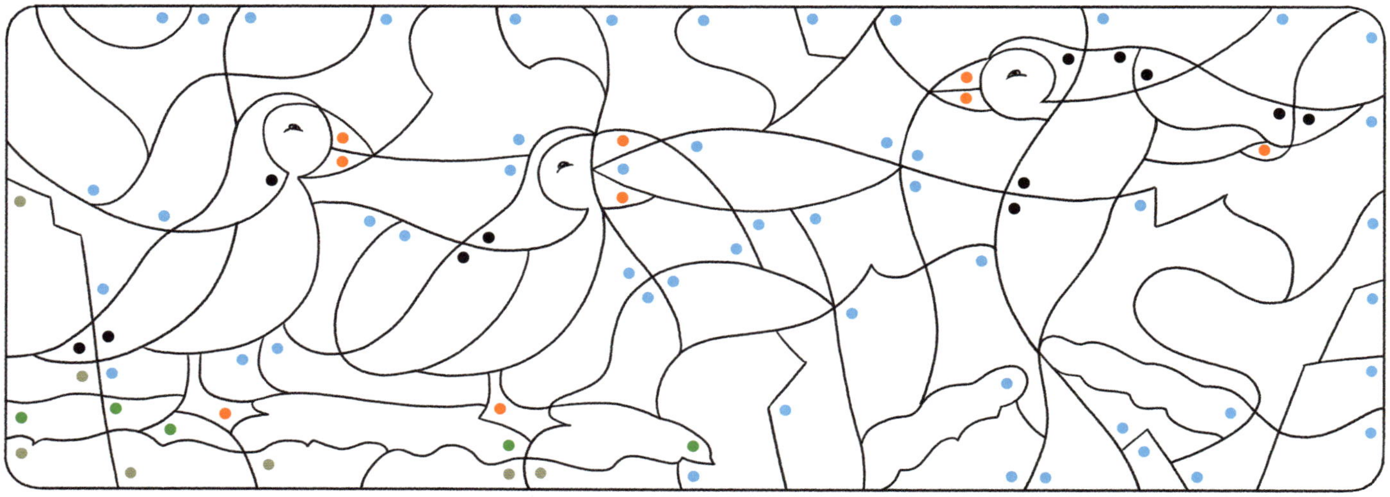

Walross

Wie viele Eisbären verstecken sich hier? Fahre ihre Umrisse mit verschiedenfarbigen Stiften nach und zähle sie.

Male die Tiere aus.

Wo fangen Pinguine Fische?

Am Südpol, in der Antarktis, ist es noch kälter als am Nordpol. Robben und Pinguine stört das nicht. Sie haben sich gut angepasst und tummeln sich im eisigen Wasser. Pinguine sind Vögel. Sie können nicht fliegen, schießen aber auf der Jagd nach Fischen blitzschnell durchs Wasser.

Wie kommt die Seeleoparden-Mutter zu ihrem Jungen? Finde die passende Eisscholle und kreise sie ein.

Was gibt es in der Antarktis nicht? Finde die sieben Fehler und kreise sie ein.

Adeliepinguine

Male die Tiere fertig aus.

Wer lebt am Korallenriff?

Weil an den Korallenriffen so viele verschiedene Tiere leben, nennt man sie auch Regenwälder der Meere. Sie bieten Fischen, Quallen, Seepferdchen und Riffhaien ein Zuhause. Zusammen mit den verschiedenfarbigen Korallen machen all diese Meerestiere das Korallenriff zu einer bunten Welt.

Bastle einen Fisch zum Aufhängen.

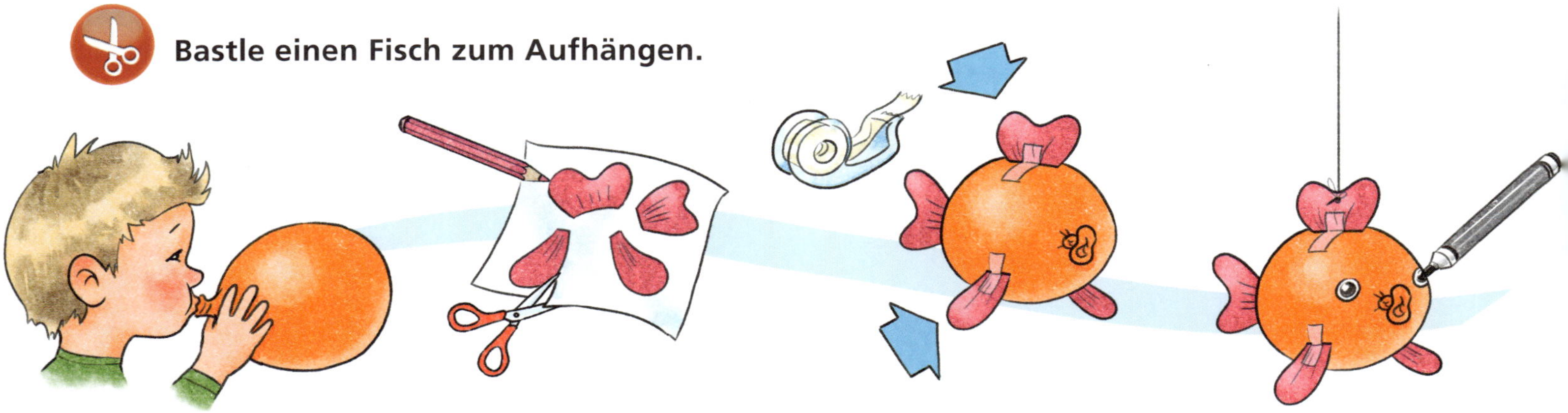

1. Puste einen Luftballon auf und knote ihn zu. Lass dir dabei von einem Erwachsenen helfen. Das überstehende Ende des Ballons mit dem Knoten ist das Fischmaul.
2. Zeichne je eine Schwanzflosse, eine Rückenflosse und zwei Seitenflossen auf Papier und schneide sie aus.
3. Klebe die Flossen mit Klebestreifen fest: die Schwanzflosse gegenüber vom Mund des Fisches, die Rückenflosse oben und die beiden Seitenflossen rechts und links am Bauch des Fisches.
4. Male mit wasserfestem Stift zwei Augen auf den Ballon und befestige einen Faden an der Rückenflosse. Nun kannst du deinen Fisch im Badezimmer oder am Fenster aufhängen.

Noch sind das Seepferdchen und der Wimpelfisch allein.
Male bunte Fische dazu.

Male das Bild fertig aus.

Lösungen

Seite 2

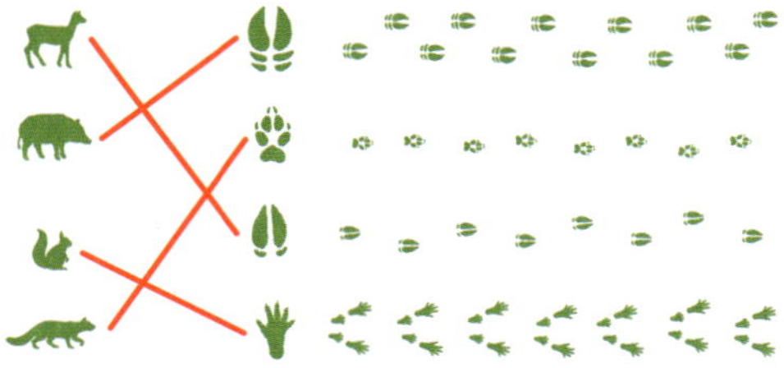

Seite 3

Die Früchte der Bäume heißen:

Buche – Buchecker

Fichte – Fichtenzapfen

Eiche – Eichel

Seite 4

Seite 6

Der Schatten rechts unten in der Ecke ist der richtige.

Seite 8

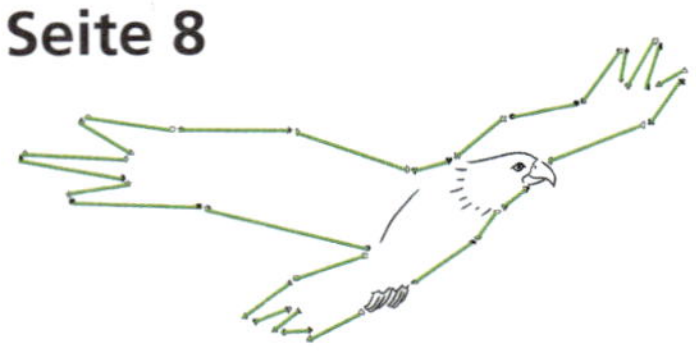

Es ist ein Weißkopfseeadler.

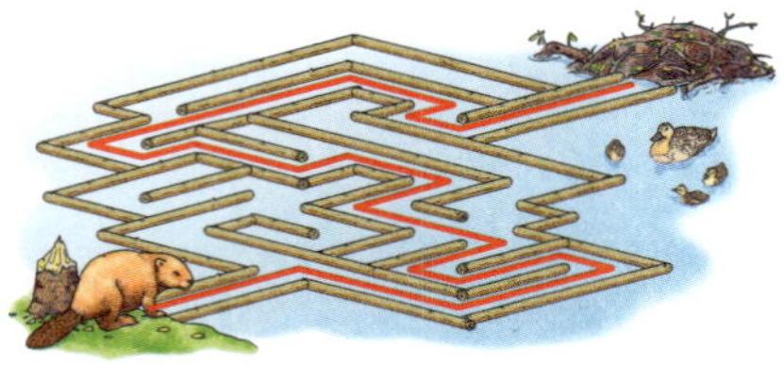

Seite 10

Seite 12

Das Eichhörnchen gibt es nicht in Australien.

Seite 14

Es sind Papageitaucher.

Seite 15

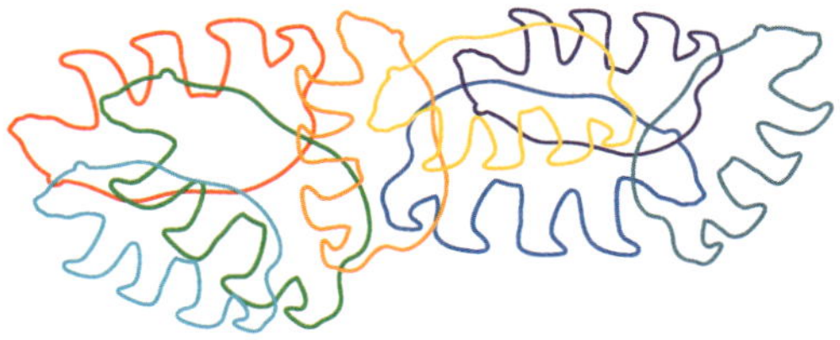

Hier verstecken sich acht Eisbären.

Seite 16

Die kleine Scholle ganz rechts passt in die Mitte der großen Schollen.